不可思議之美！

晶透又夢幻

UV膠の手作世界

Blue Planet

Contents

一舉公開！
6位人氣創作者的
UV膠作品
&特殊技法

＊若無法購得相同素材，以外形相似的材料替代也OK。

Profile

■ 地球屋

製作以星空、森林等自然為主題的作品。融入氣泡的幻想作法，廣受年輕人喜愛。

 tikyuuya46
 @tikyuuya46

■ hana*festival

以展現多采多姿的「天空」為設計主軸，進行UV膠飾品創作。擅用獨創的手法締造不可思議的色調＆色彩變化，廣受大眾好評。

 hana_festival
 @hana_festival
【Blog】https://ameblo.jp/hana-festival

■ BlueLily

以「創造藍色飾品」為主題，致力於宇宙系的UV膠原創設計。發表的作品皆融入充滿幻想氛圍＆蒸汽龐克的元素。

 lilytheblue_
 @Lily_itou
【HP】http://lilytheblue1.wixsite.com/bluelily

■ 双月堂 twin Crescents★

UV膠飾品作家，以獨樹一幟的創意和技法，發表許多封存一隅美景的作品。

 twin_crescents   @twin_crescents
【minne】https://minne.com/@2crescents

■ 空色風船物語*

作家名稱為sAsA，從2011年起開始製作UV膠飾品。以肥皂泡泡為作品造型概念，利用UV膠表現目睹花、天空、景色等美麗事物時的感動。

 sorairohuusena
 @SorairohuusenA

■ CANDY COLOR TICKET

甜點藝術家兼UV膠飾品作家。著有《CANDY COLOR TICKET的簡單帥氣UV膠飾品（暫譯）》等書。

 candy_color_ticket
 @CANDYCOLORTICKE
【Blog】https://ameblo.jp/candycolorticket/

水族箱

漂浮水母

◆ ◆ ◆

製作／地球屋
作法／P.26・P.46至P.47

於海中浮載翩翩的水母，
據說億萬年來始終不曾改變。
那在粼粼光彩中漂蕩的神祕姿態，
即是自成一方天地的幻想世界。

小小海洋

檸檬形水族箱

◆ ◆ ◆

製作／双月堂 twin Crescents★
作法／P.27・P.51至P.52

將可愛的海洋收存於胸前，
彷彿無時無刻，都能感受到最愛的夏天。
是與太陽、白色沙灘和貝殼極相襯的飾品。

03

海玻璃

海岸邊的遺留物

◆ ◆ ◆

製作／双月堂 twin Crescents★
作法／P.28・P.50至P.51

沙灘上若隱若現的海玻璃。
「絕對是人魚公主遺落的寶石！」
熱衷蒐集海玻璃的兒時記憶，也隨之甦醒。

嫩綠泡泡

讓人想封存的透明空氣

——— ◆ ◆ ◆ ———

製作／地球屋
作法／P.29・P.48至P.49

綿延的樹林小徑，
究竟會通往何處？
樹葉的窸窣聲，撥開樹枝的聲響，
還有婉轉的鳥鳴聲。
我在森林正中央，
發現了特別的寶物。

金字塔天空

追逐森林的時間

◆◆◆

製作／双月堂 twin Crescents★
作法／P.34至P.35、P.56至P.57

封存於神祕三角錐中的天景。
白雲、殷紅夕陽、湛藍黑夜，
這是森林妖精的幸運吊飾。

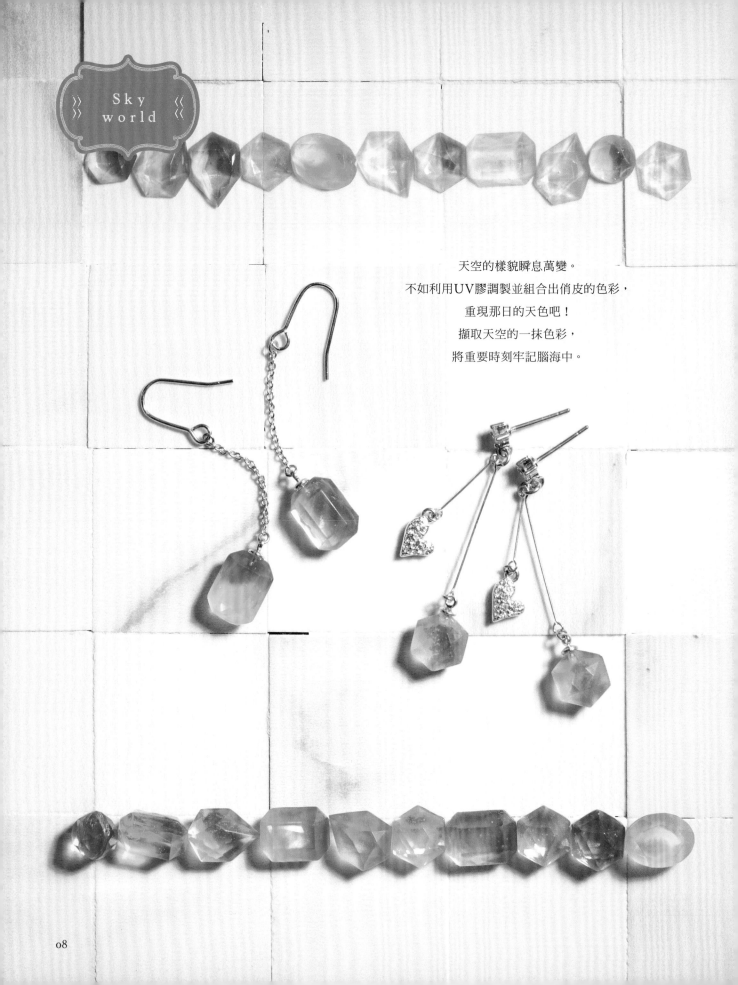

天空的樣貌瞬息萬變。

不如利用UV膠調製並組合出俏皮的色彩，

重現那日的天色吧！

擷取天空的一抹色彩，

將重要時刻牢記腦海中。

06

天空色礦石

將回憶中的天空納入掌心

◆ ◆ ◆

製作／hana*festival
作法／P.32至P.33・P.58至P.59

07

豔陽高照

充滿躍動感的藍色時光

◆ ◆ ◆

製作／双月堂 twin Crescents★
作法／P.30・P.53至P.54

跳躍的海豚，波光瀲灩的海面。
天海一線是樂園的象徵。
在四季如夏的島嶼上，
就連颳起的風都渲染上海軍藍的氣息。

08

日落時分

稍縱即逝的黃金瞬間

◆ ◆ ◆

製作／双月堂 twin Crescents★
作法／P.31・P.54至P.55

海鷗翱翔，日落海洋。
通往海平線的光之道路，
是從天際瞬間移動到凡間的銀河。
延續到夜晚的濃郁氣氛，
彷彿融化的奶油般緩慢流溢開來。

泡泡是包住夢想與希望的魔法道具。
彩虹色使者揮舞指揮棒，奏起閃耀、虛幻、充滿透明感的三重奏，
請你聆聽欣賞。

製作／空色風船物語*

繽紛泡泡戒指

隱藏於彩虹色的約定

作法／P.37‧P.60至P.61

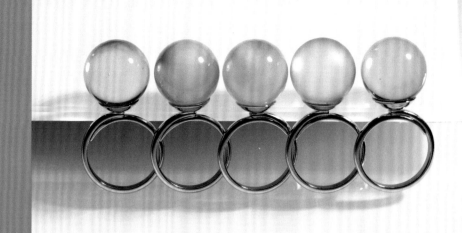

半球墜飾

為了實現夢想

作法／P.36‧P.62

花朵耳環

滿天星的記憶

作法／P.37‧P.63

13

宇宙漩渦

Deep universe

◆ ◆ ◆

製作／BlueLily
作法／P.38・P.64至P.65

漩渦狀的銀河、瀰漫幻想氣息的行星，
與無窮盡的漆黑。
將彷若即將展開運作的天文秀，盡數封存在掌心的球體中。

Space
world

13

太陽系行星
Solar system

◆ ◆ ◆

製作／BlueLily
作法／P.39・P.66至P.67

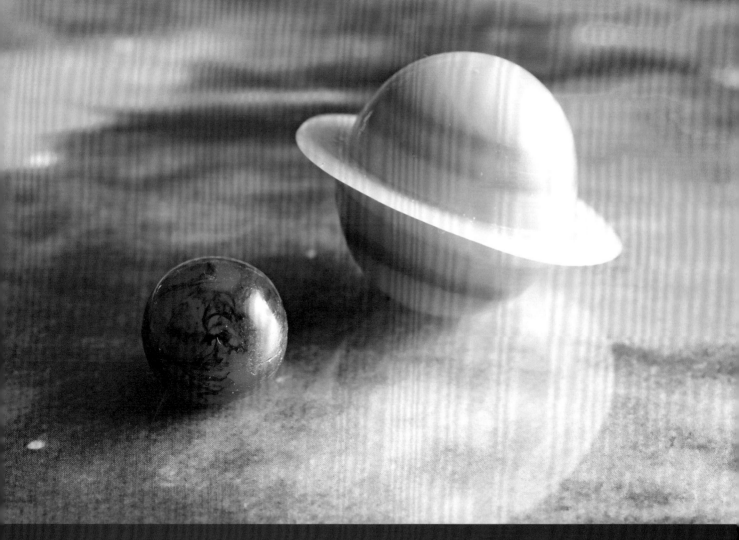

太陽、水星、金星、地球、火星、木星、土星、天王星、海王星。

僅將成列的九大行星排在一起，

就會有種正在和不明飛行物體通訊的奇妙感受。

Watery eye

真實之目

◆ ◆ ◆

製作／CANDY COLOR TICKET
作法／P.40・P.68至P.69

以透明UV膠＆亮粉，
表現澄澈眼眸的率直目光。
正因為心生迷惘，
才要目不轉睛地凝視前方。
願每個人都具備睜開雙眼看清真實的勇氣。

15

Milky bone

古老的記憶

◆ ◆ ◆

製作／CANDY COLOR TICKET
作法／P.41・P.70至P.71

神祕的珍珠色澤，
向我們傳達著古老的訊息：
人類誕生在世時，
雙手都緊握著約定。
超越時空的想像，使人浮想聯翩。

材料

本篇將介紹製作書中作品時，會用到的基本材料。

【UV-LED兩用樹脂凝膠】

星の雫 硬式UV膠 ☆

可利用UV-LED燈和陽光硬化的透明UV膠，約30秒即有硬化效果，一旦硬化後就不會發黃。UV燈的照燈硬化時間為2分鐘。

☞ 關於UV膠的安全注意事項，參見P.44。

【UV膠清潔液】☆

可用於清潔擦拭硬化完成的組件。或在將UV膠件脫模時，滴在模具與已硬化的UV膠件空隙之間，以便更容易脫模取出。

【著色劑】 UV膠著色劑 寶石の雫 ☆

UV膠專用的著色劑，容易溶於UV膠的液體。除了可以靠劑量調整色彩濃淡，也可加入其他著色劑進行調色。

・基本色

| 粉紅色（Pink） | 紅色（Red） | 橘色（Orange） | 黃色（Yellow） | 黃綠色（Yellow Green） | 綠色（Green） |

| 青色（Cyan） | 藍色（Blue） | 紫色（Purple） | 褐色（Brown） | 黑色（Black） | 白色（White） |

・珍珠色

| 珍珠米色（Pearl Kiska） | 銀色（Silver） | 金色（Gold） | 珍珠湖水藍色（Pearl Turquoise） | 珍珠天空藍色（Pearl Sky Blue） |

【保護劑】

保護劑
星の雫 ✲

可直接塗在硬化的UV膠件上,以專用的上色海綿接頭塗抹會更方便。

霧面　亮面

寶石の雫專用
著色劑上色
海綿接頭 ✲

裝在寶石の雫珍珠系列、霧面＆亮面保護劑上後,就能直接沾壓上色。

裝上接頭的模樣

【免鑽孔羊眼釘】✲

將免鑽羊眼釘插入灌有UV膠的模具內一起照燈硬化,就可以不用鑽孔,相當方便。

【亮粉】

星星碎屑 ✲

三色亮粉組。使用時,以手指輕輕拍打容器底部來調整用量。

綠色／藍色／珍珠色
三色組

銀色／金色／珍珠色
三色組

紫色／粉紅色／珍珠色
三色組

+ +

【飾品加工的基本五金配件】

T針＆9針

T針適用於垂吊最下方的配件,用法是穿過配件,然後折彎針頭,往上串接。9針則可往上下串接配件,同樣穿過配件＆折彎針頭後,兩端皆可串接配件。

單圈・C圈

用於串接配件或五金件。

圓頭扣・龍蝦扣

飾品的五金扣頭,多與扣片＆延長鍊搭配使用。

羊眼釘

用於串接UV膠件、鍊子及五金配件。須先以手工鑽將UV膠件鑽孔,再插入羊眼釘。

延長鍊

用來調整鍊子長度的五金件,多與圓頭扣＆龍蝦扣搭配使用。

扣片

飾品的扣頭五金,多與圓頭扣＆龍蝦扣搭配使用。

鍊子・皮繩

用來製作項鍊及吊飾。

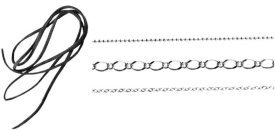

用具

本篇將介紹製作書中作品時，會用到的基本用具。

☆為PADICO商品

【 UV-LED燈 】

Handy Light UV燈 ☆

可硬化LED膠與UV膠。有30秒與1分鐘的計時設定，不只可以放在桌上，也可手持使用。

折疊式機身，攜帶方便。

Smart Light Large UV燈 ☆

可硬化LED膠和UV膠。大尺寸的機身，能同時照射多個UV膠件。有30秒與1分鐘的計時設定，附USB電源變壓器。

【 矽膠軟模 】 ☆

硬化完成的UV膠件，也能輕易脫模的模具。

半圓球

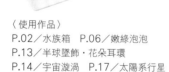

〈使用作品〉
P.02／水族箱　P.06／嫩綠泡泡
P.13／半球墜飾‧花朵耳環
P.14／宇宙漩渦　P.17／太陽系行星

水果

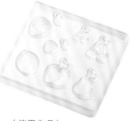

〈使用作品〉
P.04／小小海洋

圓盤

〈使用作品〉
P.19／Watery eye

三角錐

〈使用作品〉
P.07／金字塔天空

【 矽膠軟模 】　　　☆

延展性佳的特殊矽膠模具。

球體

20mm

16mm

12mm

〈使用作品〉
P.13／繽紛泡泡戒指
P.14／宇宙漩渦

水滴

〈使用作品〉
P.19／Watery eye & Milky bone

底部的模樣

【珠寶模具迷你系列】☆
（Jewel Mold mini）

UV膠&黏土皆可使用的模具。

寶石
〈使用作品〉
P.05／海玻璃

星星
〈使用作品〉
P.19／Watery eye

方形&橢圓形
切面寶石
〈使用作品〉
P.08／天空色礦石

六角形
切面寶石
〈使用作品〉
P.08／天空色礦石

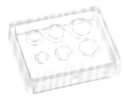

圓形
切面寶石
〈使用作品〉
P.19／Watery eye

配件
〈使用作品〉
P.14／宇宙漩渦

【其他基本道具】

調色杯 ☆
半透明的碗狀調色杯，是UV膠調色的必備品。帶有壺嘴，能將UV膠倒乾淨。

尖頭鑷子
將封入物放入UV膠內時使用，可將微小物品配置到正確位置。

紙膠帶
可協助多方面的作業，預備在手邊就會很方便。

接著劑
用於黏接完成硬化的UV膠件&飾品五金，請選擇適合黏接樹脂的萬用接著劑。

衛生紙
擦拭UV膠時使用。

尖嘴鉗
用於夾住或開合五金件。

調色棒 ☆
勺狀&抹刀、針狀&抹刀兩件套組。用於調色時攪拌、刺破氣泡、舀取著色染料與灌膠。

砂紙
用於消除UV膠件毛邊，或將UV膠件表面打磨平滑，推薦使用400號砂紙。

手工鑽
將配件鑽孔時使用。

A4文件夾
推薦鋪在桌上進行作業。即使UV膠沾在上面，硬化後即可輕易撕除。

牙籤
刺破氣泡、加入少量著色劑時使用。

圓嘴鉗
用於折彎針頭或打開圈類五金。

斜剪鉗
用於剪斷針類、細小五金及有厚度的毛邊等。

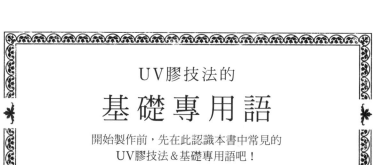

UV膠技法的
基 礎 專 用 語
開始製作前，先在此認識本書中常見的
UV膠技法＆基礎專用語吧！

■ 調製著色UV膠

在單液型UV-LED兩用樹脂凝膠、UV膠中添加著色染料進行上色。本書把UV膠專用的染色劑稱作「著色劑」，上色後的UV膠稱作「著色UV膠」。

Check! ☞

製作好著色UV膠後，為避免照到光線硬化，可以【以鋁箔紙遮光】和【放入有瓶蓋的罐內】。

■ 照燈硬化

將透明UV膠或著色UV膠灌入模具內，放在UV-LED燈下方照燈光硬化。製作深色著色UV膠＆使用有厚度的模具時，硬化時間可能會加長；這時就將模具翻面，也從背面照燈硬化吧！

Check! ☞

如果模具內只有著色劑，就算照燈也不會硬化。

■ 封入配件

替灌入模具的UV膠加入亮粉、亮片、無孔珍珠、乾燥花、黃銅配件、雙面印刷貼紙等。配置妥當後，以UV-LED燈照燈硬化。

■ 替硬化的UV膠件塗色

在完成照燈硬化的UV膠件上直接塗色。使用寶石の雫珍珠系列，還有霧面＆亮面保護劑。

■ 刺破氣泡

只要刺破氣泡，UV膠件就會呈現出美麗的透明感。推薦可預先調製好著色UV膠，靜置一段時間後，氣泡就會自然消失。

Check! ☞

部分作品為了營造水中與水滴的意象，會刻意製造氣泡。

■ 製作大理石花紋

在透明UV膠中添加2種以上的著色UV膠，製作出大理石花紋。必須視情況，適度攪拌進行調色。

■ 去除毛邊

溢出模具之外且已硬化的UV膠，可以手折斷或以美工刀割除。如果是有厚度的毛邊，就必須以斜剪鉗剪斷，並取砂紙將剪斷面打磨平滑。

Let's publish the special technique!

歡迎來到6名UV膠創作者
各自發揮創作的幻想世界！
在此將一舉公開各位創作者
獨家鑽研的特殊技法。

SPECIAL TECHNIQUE

～ 掌中的不可思議世界 ～

首先，將為你介紹6位UV膠創作者費盡心思、反覆鑽研的特色技法。

欣賞圖見P.2

欣賞圖見P.3

☞ 詳細作法參見P.46至P.47

如何在球體內製作夢幻的水母？

✦ ✦ ✦ Answer ／ by 地球屋 ✦ ✦ ✦

將壓克力顏料滴落於UV膠上，再以畫筆吸取中間的顏料。

本步驟是應用美甲彩繪技法中的「滴染」技巧。以細水彩筆在UV膠內滴入壓克力顏料後，靜置30秒再吸走中央水分，即浮現乾淨的輪廓，非常適合用來表現虛幻的水母。

01

以細水彩筆吸飽壓克力顏料（白色），滴落在硬化的UV膠上面。顏料要呈現大小不一的形狀。

02

以細水彩筆吸走水分。靜置30秒後，以細水彩筆吸走顏料中央水分，留下外圍輪廓。

03

為了讓水母的輪廓更加立體，增添與步驟01輪廓交錯的新輪廓。

04

比照步驟02作法，吸走中央水分，等待完全乾燥。

欣賞圖見P.4

風格獨特的
立體水族箱，
是採用什麼作法結構？

Answer ／by 双月堂 twin Crescents ★

以檸檬形矽膠軟模
製作2個UV膠件，
再黏合成一體。

個性十足的作品，是利用〔水果〕矽膠軟模的檸檬造型製作2個UV膠件，再黏貼起來的創意。製作時將UV膠灌至模具的9分滿，就會呈現出完整的瘦長檸檬形狀。

01

先製作後半片UV膠件。在膠內加入美甲鏡面粉，使整體閃閃發光，藉此替前半片UV膠件打造景深。

02

製作前半片UV膠件。配置魚貼紙＆美甲彩珠，並放入少許亮片，表現水中反射光芒的感覺。

03

完成前・後UV膠件。就算膠內混有少許氣泡，也很有水中的氣氛，不須特別處理。

04

取砂紙打磨斷面，再以UV膠黏合前・後UV膠件，完成！

☞ 詳細作法參見P.51至P.52

小巧的尺寸，
加工成吊飾
或耳墜等飾品
都很適合。

綻放水漾的光輝！
請告訴我海玻璃的
製作祕訣。

✦ ✦ ✦ Answer／by 双月堂 twin Crescents ★ ✦ ✦ ✦

以珍珠系著色劑、美甲亮片
與美甲極光玻璃紙疊加添飾，
作品會更加熠熠生輝。

海玻璃使用了「寶石の雫」著色UV膠、美甲亮片和美甲
極光玻璃紙。美甲亮片讓人聯想到水面的粼光＆沙灘，
且利用各種會反射光線的材料，在水藍色的內裡創造多
道光芒。

欣賞圖見P.5

☞ 詳細作法參見P.50至P.51

01
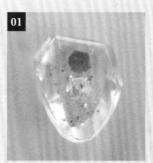
在著色UV膠（珍珠水藍色）內放入
美甲亮片，然後灌入黃色、粉紅色
和紫色著色UV膠。

02

放入剪成符合模具大小的美甲極光
玻璃紙，就會反射光線，更加熠熠
生輝。

03

取砂紙將UV膠件的稜角磨圓。

04

霧面保護劑裝上海綿接頭，塗抹於
作品表面，完成！

是怎麼作出
如此生動的氣泡感？

✦ ✦ ✦ Answer／by 地球屋 ✦ ✦ ✦

直接以滴管將空氣打入膠中，
就能製造出許多透明氣泡！

想製作出漂亮的氣泡，關鍵在於以滴管直接把空氣打入膠中，就直接拿去硬化！由於滴管隨處都能買到，所以任何人都可以輕鬆嘗試。就算氣泡非常多，作品仍會很漂亮，UV膠新手也能輕鬆挑戰。

欣賞圖見P.6

欣賞圖見P.6

01

將UV膠灌入模具，依序將玻璃顆粒放入膠中。

02

以滴管打入氣泡，無論氣泡是大或小都OK。

03

以調色棒均勻配置氣泡，如果氣泡不夠，請重複步驟02。

04

與預先作好的半圓球透明UV膠件重疊接合，照燈硬化。

☞ 詳細作法參見P.48至P.49

怎麼表現出
美到像擷取畫面的
海天景色？

★ ★ ★ Answer ／by 双月堂 twin Crescents ★ ★ ★

只要使用美甲亮片、亮粉
以及UV膠貼紙，
就能重現如詩如畫的情境。

海洋和天空之間的水潤漸層，是以藍色和水藍色著色
UV膠重疊而成。接著在上面配置UV膠貼紙和海豚，
最後灑上美甲亮片和亮粉詮釋光芒。閃閃發光的亮
片，真實重現了陽光灑落海濱的美景。

將澄澈天空
和大海的
耀眼藍彩，
濃縮於作品之中。

01 直接將UV膠灌入金屬框內。以著色
UV膠（藍色・水藍色）製作天空和
海洋的漸層，再將美甲專用玻璃碎
片配置在海洋部分。

02 灌入UV膠，在天空部分配置雲朵和
海豚的貼紙。

欣賞圖見P.10

美甲亮片、亮粉，雲
朵、鳥等UV膠貼紙，
很適合封入飾品內，
能享受到如圖畫創作
般的樂趣。

☞ 詳細作法參見P.53至P.54

將稍縱即逝的
景色封存在
作品之中。

如何製作
沉入海平線的
動人夕陽？

Answer／by 双月堂 twin Crescents ★

製作天空的漸層色時，
保留一塊圓形區域不要塗色。

海洋和天空的漸層，是以紫色、橘色和黃色
著色UV膠製作。沉入海平線的太陽並未使用
著色UV膠，而是直接留下透明的圓形區域來
呈現，最後以乳白色UV膠描繪倒映在海面上
的光之道路。由於色彩採用分層重疊的技
法，所以能製作出具有景深感的作品。

欣賞圖見P.11

01 以調色棒沾取乳白色著色UV膠，畫
一道白線。

02 左右移動調色棒，讓線條呈現鋸齒
狀，表現夕陽的映射。

03 運用3種顏色的著色UV膠，製作夕
陽的漸層色，太陽部分不要塗色。

04 將2/3區塊灌入黃色著色UV膠，
上方再疊上紫色著色UV膠，照燈硬
化。

☞ 詳細作法參見P.54至P.55

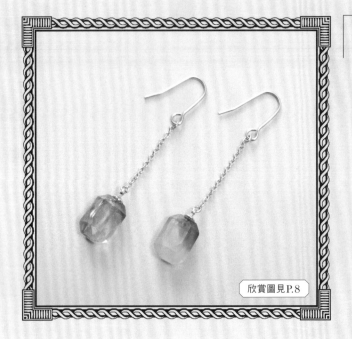

欣賞圖見P.8

調和細緻色彩的
訣竅是什麼？

Answer ／by hana*festival

搭配3種色彩時，
配色法則為2種類似色
＋1種對比色！

想表現美麗的迷幻色彩時，建議以3種色彩來表
現。決定好1個主色後，取色卡進行確認，只要選
用主色的類似色和對比色，就能呈現出和諧的色
彩。也推薦可放入美甲極光玻璃紙。

3種色彩
呈絕佳平衡！

☞ 詳細作法參見P.58至P.59

01

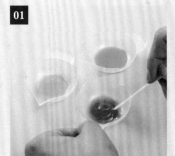

先製作著色UV膠（黃色・綠色・紅
色）。

02

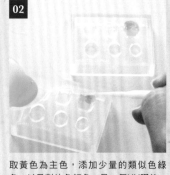

取黃色為主色，添加少量的類似色綠
色，以及對比色紅色。另一個UV膠件，
採左右對稱的色彩配置。

03

放入剪成菱形的美甲極光玻璃紙，為作
品增添亮彩。

04

將黃色著色UV膠灌到快溢出邊緣的程
度，照燈硬化。

5種天空色彩的配色祕方

hana*festival 獨樹一幟的天空色彩配方公開！
先調製5種色彩的UV膠，再填色出自己喜歡的UV膠件吧！

著色UV膠的
5種基本色

紅色	黃色	綠色	青色	紫色
（粉紅色也OK）				

3色
組合配方
1：2：1

重現旭日東昇的紅黃色
【 晨曦的天空 】

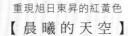

粉紅色×黃色×綠色

【 正在為配色傷腦筋時… 】

運用配色的基本原則，
搭配看看吧！

以藍色為主色時

取相鄰的
紫色&對比的黃色

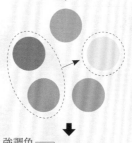

比起藍色，更嚮往深綠色天空
【 碧綠色的天空 】

黃色×綠色×青色

萬里無雲的澄澈天空
【 蔚藍的天空 】

綠色×青色×紫色

強調色
10%

次要色
40%

主色
50%

殘留紅暈的天空
【 黃昏的天空 】

青色×紫色×粉紅色

晝夜更替的黎明時分
【 拂曉的天空 】

紫色×粉紅色×黃色

請參考這個配色組合，
變化搭配出協調的配色，
並試著檢查色彩的平衡度。

欣賞圖見P.7

如何表現
天空＆大地的
自然漸層？

✦ ✦ ✦ Answer ／by 双月堂 twin Crescents ★ ✦ ✦ ✦

僅在底部填灌一層著色UV膠，
透過光線的反射
使整體產生上色效果。

直立擺放三角錐模具，製作金字塔形的UV膠件。於底面各灌一半水藍色和黃綠色的著色UV膠，在光線的反射下，整座金字塔就會呈現出自然的漸層色彩。加入美甲極光玻璃紙和水晶，光線反射的效果更佳。

以2種色彩
製作的壯麗景色，
令人心曠神怡。

01 直立擺放三角錐模具。將下側面作為金字塔底面，先在半邊底面灌入水藍色著色UV膠。

02 於另一半底面灌入黃綠色著色UV膠，照UV燈硬化。

03 將剪成比底面小一圈的美甲極光玻璃紙放在底面上。

04 將凸面水晶配置在底面中央，提升作品的閃耀度。

01

充分搓揉軟橡皮，就能輕易產生細小纖維屑，製作美麗的雲朵。

02

待軟橡皮變軟後，朝左右拉扯，讓纖維落在透明文件夾上。

03

以調色棒尾端挑起少量纖維，配置在UV膠內。

04

將UV膠灌入模具，重複步驟03。剩餘的軟橡皮還可以再度使用。

如何在金字塔內製作浮雲？

✶ ✶ Answer／by 双月堂 twin Crescents★ ✶ ✶

把經過充分搓揉並拉開的軟橡皮封入UV膠中。

充分搓揉白色軟橡皮，並朝左右拉扯，至殘屑落在透明資料夾上。以調色棒挑起軟橡皮的纖維，放入模具內，表現出飄浮在天空的雲朵。為了破壞軟橡皮至產生細小纖維屑，將軟橡皮搓揉到變軟是必要關鍵。

黃昏&夜空的金字塔，作法是？

✶ ✶ Answer／by 双月堂 twin Crescents★ ✶ ✶

改變填灌在底面的著色UV膠色彩，便能表現各式各樣的天空。

變化作為基底的UV膠色彩，就能作出如封存黃昏的赤紅天空、神秘夜空等氛圍各異的金字塔。盡情地暢玩色彩搭配，展示神祕多變的世界觀吧！

欣賞圖見P.7

黃昏
著色劑…寶石の雫
（粉紅色‧黃色）／PADICO

夜之帷帳
著色劑…寶石の雫（紫色‧藍色‧黑色）／PADICO

☞ 詳細作法參見P.56至P.57

請告訴我
製作美麗肥皂泡泡
的技巧。

★ ★ ★ Answer ╱ by 空色風船物語 * ★ ★ ★

製作時得避免氣泡「跑入」膠內，
而不是「刺破」氣泡就好。

★ ★ ★ ★ ★ ★ ★ ★ ★ ★ ★ ★ ★ ★ ★

01 著色UV膠
最遲必須在半天前
預先調好。

為了去除膠內的氣泡，必須預先製作著色UV膠。調製好後，以鋁箔紙遮光，或放入有瓶蓋的罐內保存，以免光線直射導致硬化。

這是調色中的著色UV膠，攪拌時難免會形成氣泡。

欣賞圖見P.13

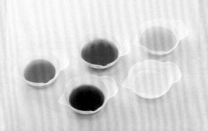

這是放置1天的著色UV膠，相較於剛調好的著色UV膠，氣泡已完全消失。

欣賞圖見P.13

欣賞圖見P.13

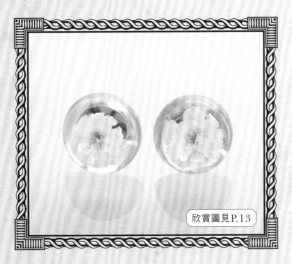

欣賞圖見P.13

02 新開封的UV膠，
先擠1滴在小盤內！
這樣就可以排出空氣。

先確認UV膠的瓶蓋已確實關好，略微傾斜瓶身存
放，如此一來空氣就很難進入UV膠內。並在每次使
用前，都先在小盤內擠1滴膠，再進行灌膠作業。

為了排出氣泡，先將第1滴膠擠掉
後，再進行灌膠作業。這道手續是
為了儘量不讓氣泡進入膠內，後續
就不須在膠內刺破氣泡。

暫時用不到UV膠時，請以傾斜瓶身
的狀態放置，不要直立瓶身。若倒
立瓶身，使用時會一口氣溢出過量
的UV膠，因此也不建議採此方式。

03 為避免氣泡形成，
封入配件
也要先塗抹一層UV膠。

替封入的花瓣＆配件塗上一層底膠吧！藉此以UV
膠預先填補配件的縫隙，正式封入配件時，就不容
易形成氣泡。

封入乾燥花時，在花瓣間隙塗入UV
膠。

封入黃銅配件時，以UV膠填補紋路
造型的縫隙。

☞ 詳細作法參見P.60至P.63

神秘的宇宙漩渦
是怎麼形成的？

* * * Answer / by BlueLily * * *

以調色棒挑取亮粉，
放入UV膠中，
一邊畫螺旋一邊拔出調色棒。

藉由亮粉表現漂浮在宇宙的幻想銀河。
以調色棒挑取亮粉，放入模具中。如描
繪螺旋般拉起調色棒，就能製造美麗的
漩渦。最後在背景層灌入深色UV膠，就
能重現漂浮在宇宙中的立體銀河。

欣賞圖見P.14

欣賞圖見P.14

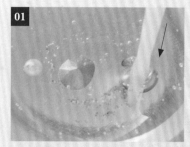

01

調色棒垂直插入灌好UV膠的模具內。關鍵在
於調色棒必須刺到模具底部。

02

以調色棒畫螺旋，然後直上拔出調色棒。注
意：攪拌過度亮粉會散開，看不出來螺旋的
形狀，請以調色棒畫1至2圈即停住＆拔出。

☞ 詳細作法參見P.64至P.65

製作太陽系行星的超仿真技巧是？

欣賞圖見P.17

$\star\star\star$ Answer /by BlueLily $\star\star\star$

重疊雙色的UV膠，
製作橫紋＆大理石紋。

行星是以兩顆半圓球黏合製成。紋路，是以橫線＆大理石紋兩種技巧來表現。至於土星環，則是將UV膠灌至溢出模具外面，照燈硬化製作。

【 土星的橫紋製作方法 】

01

調製表現橫紋的著色UV膠。土星的雙色是使用奶油色＆褐色。

02

以奶油色＆褐色著色UV膠，如製作千層酥般輪流灌膠，打造雙色色層。

【 火星的大理石紋製作方法 】

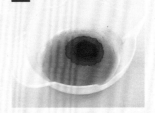

01

在行星的基本色著色UV膠內，滴入形成紋路色彩的著色劑。

02

直接倒入模具中，就能打造自然的大理石紋路。請在著色劑完全溶合前倒入模具，儘速照燈硬化。

天王星　木星　水星　海王星　太陽　金星　地球

欣賞圖見P.16

【 其他行星的作法 】

更換著色劑的色彩，就能以相同方式創造各種行星。請務必嘗試！

- ●太陽28mm……寶石の雫（紅色・黑色）／大理石紋
- ●水星12mm……寶石の雫（白色・褐色）／大理石紋
- ●金星18mm……寶石の雫（白色・橘色・褐色）／大理石紋
- ●地球18mm……寶石の雫（白色・綠色・藍色）／大理石紋
- ●木星26mm……寶石の雫（白色・褐色）／橫紋
- ●天王星20mm……寶石の雫（白色・青色）／橫紋
- ●海王星20mm……寶石の雫（白色・藍色）／橫紋
- 著色劑皆為PADICO商品

☞　詳細作法參見P.66至P.67

想知道
表現魔幻大眼
的祕訣！！

✦ ✦ ✦ Answer ／by CANDY COLOR TICKET ✦ ✦ ✦

眼珠呈現的透明色彩
＆華麗眼線
是關鍵重點。

在眼珠中加入著色劑，與金色或銀色的亮片，
就能打造神祕深邃感。再將鑽鍊圍出眼睛的輪
廓，即可作為模具直接灌入UV膠。

欣賞圖見P.19

以黑色著色UV膠預先製作瞳孔，放
在藍色眼珠的正中央。

照燈硬化後，在步驟01表面再次進
行凸面灌膠＆照燈硬化。

黏貼紙膠帶當作底墊，放上藍色眼
珠，以鑽鍊圍出眼睛的輪廓形狀。

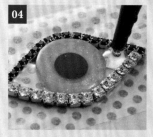

調整好眼睛形狀後，直接在鑽鍊內
側灌入UV膠，照燈硬化。

☞ 詳細作法參見P.68至P.69

就算是會讓人
嚇一跳的造型，
只要增添
具有亮澤感的色調，
便會散發時尚印象。

個性感十足的造型
是怎麼作的？
塗色的重點技巧是？

* * * Answer／by CANDY COLOR TICKET * * *

製作並組合水滴UV膠件，
就能拼湊出骨頭形狀。
掌握「乾燥後重新塗色」的塗色原則，
才能呈現均勻的色彩。

〔組合2個水滴形的UV膠件〕＋〔將UV膠灌入吸管〕，就能作出骨頭造型。珍珠米色著色劑裝上海綿接頭，進行直向塗色。重複7次「乾燥後重新塗色」的步驟，具有光澤感的牛奶骨頭就完成了！

01

製作4個水滴UV膠件，再以UV膠兩兩黏合，作出愛心形。

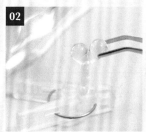

02

將步驟01的尖端插入灌有UV膠的吸管中，照燈硬化。

03

珍珠米色著色劑裝上海綿接頭，將作品垂直塗色。

04

待乾燥後再重新塗色。反複塗色7次，作品就會呈現美麗的光澤色彩。

詳細作法參見P.70至P.71

欣賞圖見P.19

提高作品成功率的
小訣竅

在此一起來看看《晶透又夢幻‧UV膠の手作世界》6位人氣UV膠創作者的不私藏分享吧！

地球屋

「漸層的美麗＆色彩的濃淡是重點」

1 作品「水族箱」中的手繪花紋，是因分兩次加入膠中，才能打造出景深感。替背景製作色彩漸層，營造更夢幻的氛圍，還有調整花紋的大小、濃淡、粗細都是不可輕忽的製作細節。「嫩綠泡泡」內封入大量玻璃顆粒，是為了呈現色彩的濃淡變化。為了讓色彩重疊的部分完美融合，也須視情況調整配色。

2 我認為UV膠的魅力，在於能將喜歡的事物製作成本身喜歡的模樣。有時候是彷彿玻璃般熠熠生輝的透明世界，也有時候是封存像宇宙和天空等不可思議的世界。UV膠的深奧相當引人著迷。

BlueLily

「重現透明感，花心思營造景深」

1 製作宇宙系列時，需要特別留意的部分就是景深。由於宇宙是浩瀚無垠的空間，掌握層層分明就能稍微還原這種氛圍。雖然不是每個封入物都能這樣作，但我曾為了展現神秘的景深感，製作多達13層的作品。

2 UV膠×○○＝無限的可能性。就算手邊沒有UV燈，只要有UV膠、陽光和符合作品主題的少量配件，就能進行創作，這點也是玩UV膠的一大魅力。

双月堂 twin Crescents★

「封入配件時，每個配件都要精密配置，直到滿意為止」

1 在封入配件的階段，「亮片」的配置也有講究之處。切勿隨意配置亮片，必須留意整體平衡來移動位置，直到滿意為止。如表現飄落的細雪、窗外的閃閃雨滴時，雖然可以隨興配置，但還是建議應保持巧妙的間隔。

2 「什麼都能作」正是UV膠的醍醐味。透過塗色、封入技法和保護劑進行加工等創意，就能獲得無窮盡的樂趣。

提問

① 提高作品成功率的小訣竅

② 分享UV膠的魅力、樂趣和可能性

hana*festival

「利用著色UV膠的搭配,締造奇蹟的天空色」

① 漸層的色彩必須能夠互相呼應,僅添加最低限度的封入物,運用著色UV膠的搭配,製作讓人印象深刻的色調。我今後也想增加色彩的變化性,打造展現顏色奧妙的美麗作品,來拓展創作領域。

② UV膠的厲害之處在於日新月異。讓人眼睛為之一亮的傑出作品,如雨後春筍般出現在各大活動和社群平台等,為我帶來良性刺激。不滿足於現況,反覆實驗持續進化是我關注的重點。

空色風船物語*

「以可見透明色深處的光線&色彩,打造夢幻世界」

① 全力投入製作毫無氣泡的高透明度泡泡,及具備美麗虹色的泡泡吧!雖然成功與否,也得取決於氣溫等因素,但建議把調製好的著色UV膠放置在陰暗處4小時以上,確認氣泡全數消失後再使用。

② 將液態UV膠灌入模具照燈硬化,就能打造透明系的世界。當親眼看見那個小小世界,因欣賞角度與光線差異呈現意想不到的美麗色彩時,真的會感動萬分!

CANDY COLOR TICKET

「反覆試作才能衍生出高品質」

① 如果對於作品感到不滿意,就反覆試作到滿意為止吧!就算內心冒出一丁點疑問,也要重作一遍,所以最好事前準備好充足的材料。

② 我認為UV膠的魅力,就是能製作像市售品般的高品質作品。UV膠是很堅硬的材料,我認為還有很多發展空間,思索UV膠的可能性就是趣味所在。

關於使用「UV-LED膠星の雫」、
「寶石の雫」系列製作作品

UV-LED膠「星の雫」&著色劑「寶石の雫」系列，

都是經過公共檢驗機關審核通過，

與PADICO公司內部安全實驗的產品。

此外，也特別針對「星の雫硬式膠」的完全硬化樹脂成品，

進行對「皮膚刺激性（消炎性）」

和「皮膚敏感程度（過敏性）」的實驗，

確保本飾品材料可與皮膚直接接觸，

是能讓消費者放心且安全使用的高品質產品。

本書使用的產品不但性質溫和，

還能製作出高品質飾品，

是UV膠創作者和UV膠飾品配戴者的推薦選擇。

但若使用未硬化完全的UV膠作品，

或對金屬配件及樹脂有接觸性過敏、引發過敏症狀者，

處理作品時請務必小心。

PADICO

www.padico.co.jp

【 PADICO建議的作業環境 】

· 無論是作業時還是硬化時，皆須注意保持通風。
· 避免在陽光直射的場所進行作業（產品隨附的說明書中也有註明）。
· 因作業時容易沾到UV膠，請儘量避免穿著寬鬆的衣物。
· UV膠一不小心就會沾附到其他東西，建議在桌上鋪設底墊，或穿上即使弄髒也沒關係的衣服。
· 經過UV燈和LED燈照射完畢的UV膠溫度很高，脫模時請避免以手直接觸摸。
· 小心避免UV膠黏附在手、眼睛、皮膚及家具上。
· 如果家中有小孩，請將UV膠存放在小孩拿不到的地方。
· 少部分皮膚脆弱者會出現過敏反應，處理液態UV膠時，必須格外留意。
· 長時間製作作品，會對孕婦或年長者造成精神上的負擔。請適度休息，別過度勉強自己。

全圖解！

晶透又夢幻
UV膠の手作世界
DIY

Sea world

Forest world

Sky world

Space world

Human body

欣賞圖見P.2

⓪① 水族箱〈藍色〉

製作／地球屋
成品／主體　直徑2cm

準備材料用具

- UV膠…星の雫硬式UV膠／PADICO
- 模具…矽膠軟模〔半圓球〕直徑20㎜／PADICO
- 著色劑…寶石の雫（藍色・青色・紫色）／PADICO
- 免鑽孔羊眼釘（銀色）1個／PADICO
- 壓克力顏料（白色）
- 皮繩

基本用具（參見P.22至P.23）、竹籤、細水彩筆

作法

01 將UV膠灌至半圓球模具2/3處，以滴管打入氣泡後，照燈硬化。

02 重新以UV膠灌滿模具，照燈硬化，慢慢地脫模取出作品。

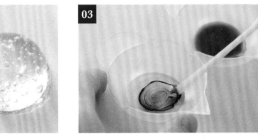

03 調製3種色彩的著色UV膠（藍色・深藍色・紫色）。在3杯透明UV膠內分別加入著色劑（藍色・青色・紫色），將顏料充分攪拌均勻。

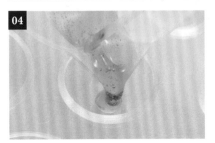

04 將少量的藍色著色UV膠灌入模具。

05 在右側滴入紫色著色UV膠。因紫色的顯色度高，加入微量即可。最後以深藍色著色UV膠灌至模具的7分滿。

06 以調色棒略微調整顏色，照燈硬化。

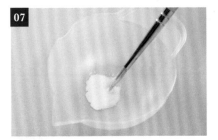

07 在調色杯內加水稀釋壓克力顏料，取細水彩筆吸飽顏料。

08 將壓克力顏料塗在步驟06上方，並視整體平衡調配色塊大小。

09 等待30秒後，拭去細水彩筆的顏料，以細水彩筆吸走顏料中央的水分。

10

吸走所有多餘水分的模樣。重複2次步驟07至10，即可作出兩層花紋重疊的效果。靜待完全乾燥。

11

於步驟10灌入UV膠，再次以壓克力顏料描繪花紋，並如同步驟09吸走中央多餘水分。重複2次相同作法，完成如步驟10的重疊效果；以層層重疊的大小花紋，呈現出夢幻氛圍。靜待顏料完全乾燥。

12

取滴管打入氣泡，配置免鑽孔羊眼釘後照燈硬化。以少量的UV膠緩慢地灌滿模具，然後再次照燈硬化。

13

塗抹少量UV膠，與步驟01的半圓球疊合，照燈硬化。

14

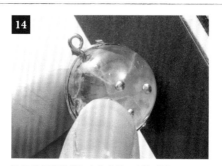

取砂紙打磨脫模取出的作品，去除毛邊。

15

以圓形紙夾夾住羊眼釘，滴上UV膠，使其均勻流淌覆蓋表面後，照燈硬化。

16

完成UV膠件主體。

完成

穿上皮繩就完成了！

· Arrange ·

水族箱〈白色〉

追加準備的用具

壓克力顏料
（藍色‧綠色‧紫色）

讓色彩浮在透明UV膠內也很美麗！

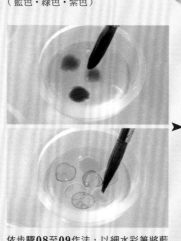

依步驟08至09作法，以細水彩筆將藍色、綠色和紫色壓克力顏料分別塗在透明UV膠上，再吸走顏料中央的水分。

依水族箱〈藍色〉步驟11至13作法，創造層疊感的色彩花紋。

欣賞圖見P.6

Forest world

04 嫩綠泡泡〈玻璃雨〉

製作／地球屋
成品／主體　直徑2cm

準備材料用具

- UV膠…星の雫硬式UV膠／PADICO
- 模具…矽膠軟模〔半圓球〕直徑20mm／PADICO
- 免鑽孔羊眼釘（銀色）1個／PADICO
- 玻璃顆粒（黃色・黃綠色・綠色・水藍色）
- 皮繩

基本用具（參見P.22至P.23）、滴管、圓形紙夾

作法

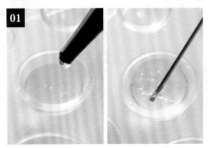

01 將UV膠灌入半圓球模具，以滴管打入氣泡後，照燈硬化。

02 將UV膠灌滿模具，照燈硬化後脫模取出。

03 在模具內灌入少量UV膠，先放入綠色玻璃顆粒，再放入黃綠色玻璃顆粒。

04 以調色棒將玻璃顆粒推到模具的下緣，鋪整齊後照燈硬化。

05 在步驟04上緣灌入UV膠，先放入黃色玻璃顆粒，再混入少量黃綠色玻璃顆粒，照燈硬化。漂亮的漸層已大致成形。

06 取水藍色玻璃顆粒，填補中段的空隙。

07 繼續灌入UV膠，並以滴管打入氣泡。

08 放入免鑽孔羊眼釘，照燈硬化。

09 再次灌入UV膠，疊上步驟02製作的半圓球透明氣泡，照燈硬化。

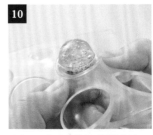

10 待完全硬化後，輕輕地脫模取出。

11

取砂紙將表面打磨平滑，去除毛邊。

12

以圓形紙夾夾住羊眼釘，滴上UV膠覆蓋表面，照燈硬化。

13

完成UV膠件主體。

完成

穿過皮繩就完成了！

欣賞圖見P.6

Forest world

⑭ 嫩綠泡泡〈藍霧〉

製作／地球屋
成品／主體　直徑2cm

準備材料用具

- UV膠…星の雫硬式UV膠／PADICO
- 模具…矽膠軟模〔半圓球〕直徑20mm／PADICO
- 玻璃顆粒（藍色・綠色・黃綠色・深藍色・粉紅色）
- 免鑽孔羊眼釘（銀色）1個／PADICO
- 皮繩

基本用具（參見P.22至P.23）、滴管、圓形紙夾

作法

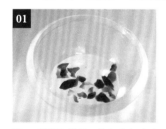

01

將UV膠灌入模具，放入藍色玻璃顆粒。

02

另取綠色玻璃顆粒大片鋪滿，照燈硬化。

03

再次灌入UV膠，並放入綠色玻璃顆粒。

04

以滴管打入氣泡，照燈硬化。

05

以黃綠色玻璃顆粒填補空隙，再以調色棒將玻璃顆粒推到模具下緣，照燈硬化。

06

在模具上緣灌入UV膠，加入深藍色玻璃顆粒，如覆蓋外側弧面般全面鋪滿，照燈硬化。

07

灌入UV膠，再放入幾顆粉紅色玻璃顆粒。以滴管打入氣泡，照燈硬化。

完成

依P.48步驟**02**製作透明氣泡UV膠件，疊合兩個半圓球後，照燈硬化。依步驟**11**至**13**作法處理表面，再穿過皮繩就完成了！

欣賞圖見P.5

③ 海玻璃

製作／双月堂 twin Crescents★　成品／主體　長1cm×寬0.7cm

準備材料用具

- UV膠…星の雫硬式UV膠／PADICO
- 模具…珠寶模具迷你系列〔寶石〕12mm／PADICO
- 著色劑…寶石の雫（黃色・紫色・粉紅色）／PADICO
- 著色劑…寶石の雫（珍珠天空藍色）／PADICO
- 保護劑…寶石の雫（霧面）／PADICO
- 著色劑上色海綿接頭／PADICO
- 美甲亮片　適量
- 美甲極光玻璃紙　1張
- 設計款耳勾（21mm・金色）1副
- 麻花金屬圈（外徑10mm・金色）2個
- 羊眼釘（5×3mm・金色）2個
- 三角多面迷你玻璃珠（極光色）2個
- 三角多面迷你玻璃珠（海藍寶色）2個
- 捷克水滴珠（6×4mm・AB透明彩色）2個
- 海之珀海之寶石（Marine bijou）（附玫瑰水晶玻璃）2個
- 單圈（4×4mm・金色）2個
- 單圈（5×5mm・金色）2個
- 圓頭針（0.5×20mm・金色）2個
- T針（0.6×20mm・金色）1個

基本用具（參見P.22至P.23）、剪刀

作法

調製著色UV膠。
- 水藍色…UV膠10g ＋（珍珠天空藍色）著色劑1滴
※珍珠系著色劑不易混合，但即便色彩不均勻也很美。
- 黃色…1元硬幣大的UV膠 ＋調色棒尖端沾取（黃色）著色劑
- 紫色…1元硬幣大的UV膠 ＋調色棒尖端沾取（紫色）著色劑
- 粉紅色…1元硬幣大的UV膠 ＋調色棒尖端沾取（粉紅色）著色劑

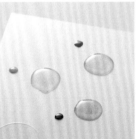

02

將水藍色著色UV膠灌至模具的一半，以調色棒微微推開著色UV膠，塗抹整個側緣。

03

以調色棒尖端挑取少量美甲亮片，放在模具中央，照燈硬化。

04

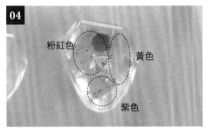

粉紅色　黃色　紫色

依序以調色棒沾取黃色、粉紅色、紫色著色UV膠，依圖示配置填入模具，照燈硬化。

05

將美甲極光玻璃紙剪成符合模具的大小，放在步驟04上方。

06

以水藍色著色UV膠在步驟05進行凸面灌膠，照燈硬化。

07

脫模取出步驟06，以砂紙將稜角磨圓，重現經海浪沖刷出圓潤手感的海玻璃。

08

以手工鑽在頂端打孔，T針沾取少量UV膠，插入孔內照燈硬化。此處的T針是方便後續作業處理的持手。

09

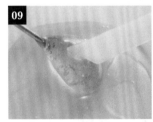

以UV膠塗抹作品整體，照燈硬化。照燈硬化時也要不停旋轉UV膠件，以免表面形成滴膠的痕跡。

10
確認UV膠件硬化後，將霧面保護劑裝上海綿接頭，塗抹整體表面。

11
待保護劑完全乾燥後，拔掉T針，將羊眼釘插入孔中。

12
串接配件製作成耳環。以相同作法製作另一隻耳環。

完成

設計款耳勾
麻花金屬圈
金屬吊飾
單圈（5×5mm）
迷你玻璃珠（極光色）
迷你玻璃珠（海藍寶色）
捷克水滴珠
羊眼釘
圓頭針

Sea world

欣賞圖見P.4

02 小小海洋〈粉紅色〉

製作／双月堂 twin Crescents★
成品／主體　長3cm・寬1.7cm

準備材料用具

- UV膠…星の雫硬式UV膠／PADICO
- 模具…矽膠軟模・水果〔檸檬〕／PADICO
- 著色劑…寶石の雫（紫色・粉紅色）／PADICO
- UV膠專用貼紙　熱帶魚（雙面印刷）1張
- 金屬配件　美甲金珠（1mm・金色）5顆
- 美甲專用魔鏡粉　適量
- 美甲亮片　適量
- 壓克力珍珠（4mm）1個
- 螺旋珠籠式吊墜（15×10mm・金色）1個

- 海星吊飾（20×20×2.5mm・金色）1個
- 單圈（3.5×2.5mm・金色）1個
- 墜頭（7×2.5mm・金色）1個
- 圓頭針（0.5×20mm・金色）1個
- 喜平鍊（附扣頭・金色）40cm

- -

基本用具（參見P.22至P.23）

作法

01
先製作後半片UV膠件。調製粉紅色＆紫色的著色UV膠。以調色棒尖端挑2滴著色劑，與1元硬幣大的UV膠混色。

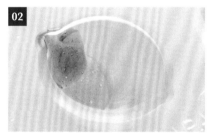

02
依粉紅色→紫色的順序，如圖示將著色UV膠填入模具，照燈硬化。

03
UV膠灌至模具的9分滿。加入美甲專用魔鏡粉，照燈硬化。

04
脫模取出的後半片UV膠件。

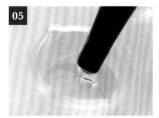

05
接下來製作前半片UV膠件。以UV膠灌至模具的5分滿，照燈硬化。

06
放上熱帶魚貼紙＆美甲金珠，照燈硬化。

07
放上美甲亮片，照燈硬化。

08

UV膠灌至模具的9分滿，照燈硬化。

09

脫模取出。前半片＆後半片UV膠件完成。

10

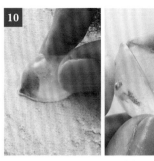

取砂紙將兩個UV膠件的接著面磨平，疊合前・後半片，仔細檢視並微調至沒有縫隙。

11

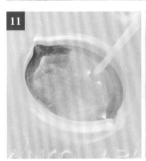  

將後半片UV膠件放回模具內，塗上少量UV膠，蓋上前半片，照燈硬化。

12

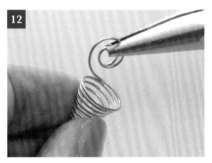

以尖嘴鉗夾起螺旋珠籠式吊墜的尾端。

13

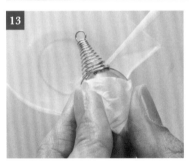

將步驟11・12疊在一起，在吊墜的尾端塗抹UV膠，照燈硬化黏合兩者。

14

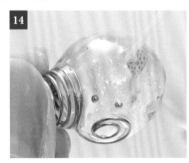

為了保護作品表面，以UV膠塗抹整體，照燈硬化。

15

穿過鍊子、裝上吊飾，項鍊就完成了！

完成

鍊子
（附項鍊扣頭）

墜頭

珍珠
圓頭針

單圈

海星吊飾

＊Arrange＊

小小海洋〈黃色〉

●黃色著色UV膠…
1元硬幣大的UV膠＋
2滴（黃色）著色劑

●黃綠色著色UV膠…
1元硬幣大的UV膠＋
2滴（黃綠色）著色劑

小小海洋〈藍紫色〉

●紫色著色UV膠…
1元硬幣大的UV膠＋
2滴（紫色）著色劑

●藍色著色UV膠…
1元硬幣大的UV膠＋
2滴（青色）著色劑

Sky world

欣賞圖見P.10

⑦ 豔陽高照〈耳針〉

製作／双月堂 twin Crescents★
成品／主體　長2.5cm×寬1.2cm

準備材料用具

- ★UV膠…星の雫硬式UV膠／PADICO
- ★著色劑…寶石の雫（青色・藍色）／PADICO
- ★金屬框（單孔橢圓框・金色）2個
- ★美甲亮片　適量
- 美甲專用玻璃碎片　適量
- 美甲專用金屬配件　海豚　1個
- UV膠專用貼紙　雲　1張
- ★單圈（0.8×5mm・金色）4個
- ★耳針五金配件（金色）1副
- ★吊飾（貝殼・金色）2個
- ★鍊子（各1cm・金色）
- ※★為P.54日落時分作品的共通用具

基本用具（參見P.22至P.23）

作法

01

調製水藍色＆藍色著色UV膠。分別在10g的UV膠中各加1滴著色劑（青色、藍色），攪拌均勻。

02

如圖示在金屬框下端1/3處黏貼紙膠帶。由於此作品會直接灌UV膠，建議在透明文件夾上進行作業。

03

製作海洋。在黏有紙膠帶的部分，灌入厚度1mm的藍色著色UV膠。

04

照燈硬化。

05

將美甲專用玻璃碎片放在步驟04上方，塗入一層藍色著色UV膠，照燈硬化。

06

製作天空。在金屬框上端2/3處黏貼紙膠帶，灌入水藍色著色UV膠。灌膠時，在距離藍色UV膠2mm處預留空隙。

07

照燈硬化。

08

在天空上緣再塗一層水藍色著色UV膠製造漸層效果，照燈硬化。

09

在天空部分薄灌一層UV膠，封入雲＆海豚貼紙，照燈硬化。

10 UV膠灌至模具的8分滿,斜向配置亮片,營造光彩斑斕的效果,照燈硬化。

11 最後進行凸面灌膠,照燈硬化。

12 將作品翻面。此時表面仍很粗糙,必須塗上UV膠作為保護層,照燈硬化。

13 以手工鑽在金屬框的開孔位置鑽孔。

14 串連吊飾,裝上耳針。

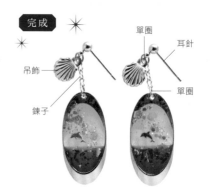

完成

單圈
耳針
吊飾
鍊子
單圈

Sky world

欣賞圖見P.11

08 # 日落時分〈耳針〉

製作／双月堂 twin Crescents★
成品／主體　長2.5cm×寬1.2cm

準備材料用具

●著色劑…寶石の雫(黃色・橘色・紫色・白色)／PADICO
●UV膠專用貼紙　海鷗　1張
※其他材料用具與P.53艷陽高照★相同

基本用具(參見P.22至P.23)

作法

01 調製黃色、橘色、紫色的著色UV膠。分別在10元硬幣大的UV膠旁邊擠一些著色劑(黃色、橘色、紫色),以調色棒尖端挑取1至2滴,與UV膠攪拌均勻。

02 製作海洋。依P.53步驟**02**作法,在金屬框背面黏貼紙膠帶,灌入紫色著色UV膠,照燈硬化。

03 以調色棒挑取少量著色劑(黃色・白色),加入1元硬幣大的UV膠內攪拌,製作乳白色著色UV膠。

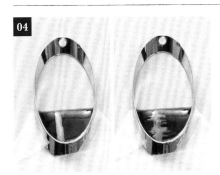

04

製作夕陽的反射效果。以調色棒挑取步驟**03**的著色UV膠，畫線後朝左右暈開，照燈硬化。

05

製作夕陽的天空。在距天空下緣1/3處塗上橘色著色UV膠。灌膠時，在太陽的位置留白，照燈硬化。

06

在距天空下緣2/3處塗上黃色著色UV膠。

07

剩餘的天空區塊塗上紫色著色UV膠，照燈硬化。

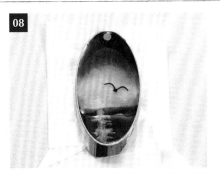

08

將整片天空薄灌一層UV膠，配置上海鷗，照燈硬化。

09

UV膠灌至金屬框的8分滿，斜向配置亮片，照燈硬化。

10

最後以UV膠進行凸面灌膠，照燈硬化。背面也採相同作法處理。以手工鑽鑽孔後，依艷陽高照作品的作法組裝耳針五金。

完成

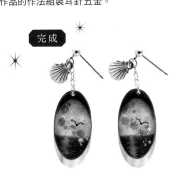

* Arrange *

日出＆日落
〈項鍊〉

也可以更換作品的金屬框，依相同作法製作海洋＆天空的漸層，但封入椰子樹的貼紙，表現海邊風情。

將生動活潑的
景色
封存起來！

欣賞圖見P.7

Forest world

05 金字塔天空
〈包包吊飾〉

製作／双月堂 twin Crescents★　成品／主體　長2cm×寬2.5cm

準備材料用具

- UV膠…星の零硬式UV膠／PADICO
- 模具…矽膠軟模〔三角錐〕25mm／PADICO
- 著色劑…寶石の雫（青色・黃綠色）／PADICO
- 美甲極光玻璃紙　適量
- 圓弧形水晶（8mm）1個
- 軟橡皮（白色）　適量
- 美甲專用金屬配件　燕子（金色）1片
- 羊眼釘（6×3mm・金色）1個
- 金屬花托（8mm・金色）1個
- 設計款金屬環
　（圓形・15mm・金色）1個

- 吊飾（閃亮星星・CR・金色）1個
- 流蘇鍊（35mm・金色）
- 延長鍊（金色）11.5cm
- 龍蝦扣（10×6mm・金色）1個
- 單圈（1.2×8mm・金色）1個
- 單圈（0.8×5mm・金色）3個

基本用具（參見P.22至P.23）

作法

01 調製水藍色＆黃綠色的著色UV膠。在2杯10g的UV膠內，分別滴入1滴著色劑（青色・黃綠色），攪拌均勻。

02 垂直立起模具，進行作業。將水藍色著色UV膠，推展在三角形模具右半部底面。

03 另將黃綠色著色UV膠在左半部底面推展開來。

04 保持模具垂直立放，照燈硬化。

05 整個底面薄塗一層UV膠，放上剪成比模具略小的美甲極光玻璃紙，以調色棒壓到UV膠的下面。

06 在底部中央配置圓弧形水晶，照燈硬化。底部即完成。

07 製作雲朵。充分搓揉軟橡皮後，朝左右拉開，讓碎屑掉落在透明文件夾上。

08 平放步驟06的模具，UV膠灌至模具的5分滿。

09 以調色棒尖端挑少許步驟07製作的雲朵，依圖示直推刮起。

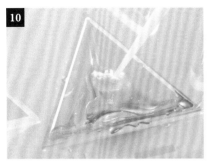

10 輕輕放入步驟**08**內，小心避免雲朵形狀散開。

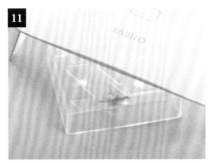

11 照燈硬化。

12 UV膠灌至模具的8分滿，視整體平衡配置雲朵。

13 UV膠灌滿模具，放入金屬配件燕子後照燈硬化。此面即為作品的正面。

14 脫模取出作品。

15 最後在正面塗上UV膠，照燈硬化。為了方便塗抹，可將作品放入小一號的模具內進行作業。

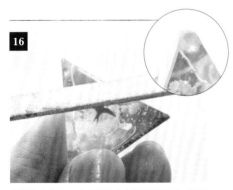

16 脫模取出作品，以砂紙將金字塔頂端磨平。頂端&側邊皆以砂紙打磨平滑。

完成

龍蝦扣

單圈（1.2×8mm）

鍊子

吊飾（閃亮星星）

金屬環

單圈（0.8×5mm）

流蘇鍊

Arrange

黃昏
使用色：寶石の雫
（黃色・粉紅色）

夜之帷帳
使用色：寶石の雫
（紫色・藍色・黑色）

將灌入金字塔底部的著色UV膠換個顏色，就能詮釋出各式各樣的天空表情。

17 以手工鑽在頂端鑽孔，安裝花托&羊眼釘，照燈硬化。

欣賞圖見P.8

06 天空色礦石〈朝霞的天空〉

製作／hana*festival
成品／主體　長1.2cm×寬0.9cm

準備材料用具

●★UV膠…星の雫硬式UV膠／PADICO
●模具…珠寶模具迷你系列〔方形・橢圓形切面寶石〕／PADICO
●著色劑…寶石の雫（黃色・粉紅色・綠色）／PADICO
●★美甲極光玻璃紙　1張
●羊眼釘（5×3mm・金色）2個
●不鏽鋼U字耳環（金色）1副
●錬子（各2.5cm・金色）
●單圈（0.5×2.3mm・金色）4個
●★水鑽點鑽筆　　　　　　※★為P.59〈藍色天空〉作品的共通材料用具

基本用具（參見P.22至P.23）、剪刀

作法

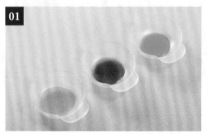

01 在3個調色杯內分別加入UV膠＆1至2滴著色劑（黃色、粉紅色、綠色），以調色棒攪拌均勻，調製著色UV膠（黃色、紅色、綠色）。

02 將美甲極光玻璃紙剪成細長條形，再從邊角隨意斜剪。

03 將透明文件夾粗裁成能覆蓋模具的大小。

04 在模具（方形・12mm×9mm）內灌入著色UV膠。一邊留意將綠色＆紅色UV膠配置成左右對稱，一邊避免調色棒將色調混在一起。

05 取水鑽點鑽筆，將步驟02的美甲極光玻璃紙放在UV膠上。

06 如圖示配置美甲極光玻璃紙。

07 以主色的黃色著色UV膠進行凸面灌膠。

08 將步驟03剪好的透明文件夾蓋在模具上，並避免氣泡產生。

09 將以透明文件夾蓋住的模具照燈硬化。

10 脫模取出作品，以剪刀沿邊修剪。

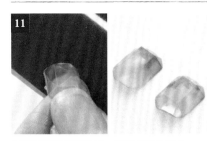

11 取砂紙將表面打磨平滑，半面UV膠件完成。

12 如圖示在透明文件夾上黏貼紙膠帶，將步驟11平面朝上擺放，在平面塗抹少量UV膠。

13 以水鑽點鑽筆將另一個單面UV膠件黏上去。

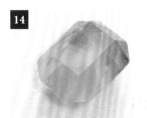

14 照燈硬化，飾品主體完成。

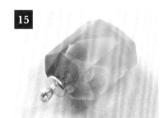

15 以手工鑽鑽孔後，將羊眼釘沾取超少量的UV膠，插入洞內。

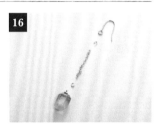

16 將鍊子剪成2.5cm，如圖示串接配件。

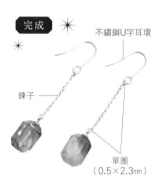

完成

不鏽鋼U字耳環

鍊子

單圈（0.5×2.3mm）

Sky world

欣賞圖見P.8

06 天空色礦石〈藍色天空〉

製作／hana*festival　成品／主體　長1.2cm×寬1cm

準備材料用具

●著色劑…寶石的雫（青色・綠色・紫色）／PADICO
●模具…珠寶模具迷你系列〔六角形切面寶石〕／PADICO
●UV膠用保護劑…寶石の雫（霧面）／PADICO
●著色劑上色海綿接頭・霧面／PADICO
●單圈（0.7×3.5mm・金色）2個　●雙頭9針（0.4×15mm）2個
●雙頭9針（0.4×25mm）2個　●羊眼釘（5×3mm・金色）2個
●耳針五金配件（金色）1副　●吊飾（愛心形・金色）2個
※其他材料用具與P.58〈朝霞的天空〉★相同

基本用具（參見P.22至P.23）

作法

藍色　綠色
紫色

01 調製綠色、藍色和紫色的著色UV膠。在模具（六角形）內加入UV膠&著色UV膠，創造混色效果。
【著色UV膠】
●綠色…綠色著色劑（1～2滴）
●藍色…青色著色劑（1～2滴）
●紫色…紫色著色劑（1～2滴）
再以綠色1：藍色2：紫色1的比例灌入模具（六角形・10mm×9mm）。

02 依P.58至P.59步驟02至14作法進行製作。霧面保護劑裝上海綿接頭，塗抹UV膠件表面。乾燥後，依P.59步驟15作法，以手工鑽鑽孔&裝上羊眼釘。

03 參考右圖，以雙頭9針（0.4×15mm）串接愛心吊飾。等步驟02呈現霧面後，也以雙頭9針（0.4×25mm）串接步驟02。

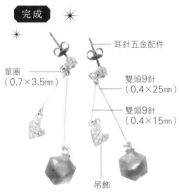

完成

耳針五金配件

單圈（0.7×3.5mm）

雙頭9針（0.4×25mm）

雙頭9針（0.4×15mm）

吊飾

欣賞圖見P.13

⑨ 繽紛泡泡戒指〈牛奶色〉

製作／空色風船物語*
成品／主體　直徑1.6cm

準備材料用具

● UV膠…星の雫硬式UV膠／PADICO
● 模具…矽膠軟模〔球體〕直徑16mm／PADICO
● 著色劑…寶石の雫（青色・黃色・粉紅色・白色）／PADICO
● 保護劑…寶石の雫（霧面）／PADICO
● 著色劑上色海綿接頭／PADICO
● 戒台（10mm・鍍銠）1個
● 多用途接著劑

基本用具（參見P.22至P.23）

作法

【準備】／　事先調製著色UV膠。※為了消除氣泡，建議提前半天製作。

調製粉紅色著色UV膠，在調色杯內加入10g
的UV膠，加入7滴粉紅色著色劑，攪拌均勻。
【著色UV膠】以UV膠10g為基底
● 粉紅色…粉紅色著色劑（7滴）
● 黃色…黃色著色劑（2滴）
● 白色…白色著色劑（7滴）
● 藍色…青色著色劑（7滴）
　　　　＋黃色著色劑（1滴）
● 紫色…粉紅色著色劑（6滴）
　　　　＋青色著色劑（2滴）

01 以調製粉紅色著色UV膠的作法，依上述份量製作黃色、白色、藍色、紫色的著色UV膠。

02 在球體模具內滴入3滴藍色著色UV膠。

03 再滴入2滴紫色著色UV膠，使讓藍色＆紫色呈現雙色上下層。

04 避免藍色＆紫色重疊，再分次加入2滴粉紅色、2滴黃色著色UV膠。

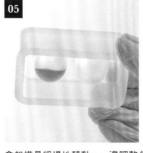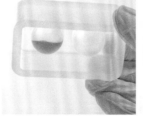

05 拿起模具緩慢地轉動，一邊調整色彩的混合狀況，一邊使UV膠佈滿整個圓球模表面，照燈硬化。

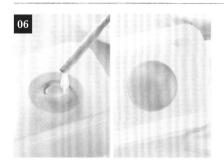

06 加入5滴白色著色UV膠,再次塗滿整體後照燈硬化。

07 UV膠灌滿模具,以調色棒刺破表面的氣泡,照燈硬化。

08 為了方便作品脫模,先在模具邊緣滴上UV膠清潔液,再擠壓模具取出球體UV膠件。

09 取砂紙消除毛邊。

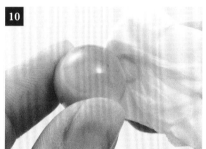

10 以UV膠清潔液將毛邊的粉末擦拭乾淨,或以清水沖洗也OK。

11 在打磨平滑的凹陷處滴入UV膠。

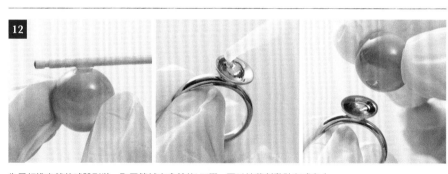

12 為了打造自然的球體形狀,取牙籤拭去多餘的UV膠,再以接著劑黏貼在戒台上。

完成

Arrange

繽紛泡泡戒指〈標準款〉

以藍色、紫色、粉紅色、黃色的著色UV膠製作。
※不使用白色。

繽紛泡泡戒指〈霧面款〉

作出左邊的標準款後,將霧面保護劑裝上海綿接頭,塗抹作品表面。

欣賞圖見P.13

⑩ 半球墜飾〈玫瑰〉

製作／空色風船物語*
成品／主體　直徑2.4cm・項鍊長50cm

準備材料用具

- UV膠…星の雫硬式UV膠／PADICO
- 模具…矽膠軟模〔半圓球〕直徑24mm／PADICO
- 著色劑…寶石の雫（藍色・黃色・粉紅色）／PADICO
- 免鑽孔羊眼釘（金色）／PADICO
- 黃銅配件（玫瑰＆蝴蝶・土星＆月亮・鳥＆鑰匙）／PADICO
- 鍊子（50cm・金色）　　　●扣片（金色）1個
- 單圈（0.6×3mm・金色）2個　●龍蝦扣（10×6mm金色）1個
- 設計款單圈（6.5mm・金色）2個

基本用具（參見P.22至P.23）

作法

01 以鉗子剪去黃銅配件的圓圈。

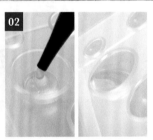

02 UV膠灌至半圓球模具（直徑24mm）的5分滿。稍微傾斜模具，讓UV膠全面擴散開來。

03 以調色棒刺破氣泡，照燈硬化。

04 先以UV膠塗滿步驟01的配件表面＆空隙。

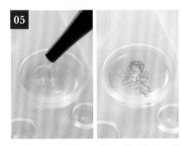

05 UV膠灌至模具的8分滿後，置入配件，照燈硬化。

06 加入著色UV膠（3滴粉紅色、3滴黃色），前後左右晃動模具。祕訣在於不要混色過度。※著色UV膠的調製方法參見P.60。

07 從步驟06的中央灌UV膠到9分滿，置入免鑽孔羊眼釘，照燈硬化。

08 脫模取出作品，以砂紙去除毛邊。毛邊的粉末可以清水沖洗，或以UV膠清潔液擦拭乾淨。

09 為了讓表面更加平整，以調色棒輔助塗抹UV膠，照燈硬化。

完成

作成項鍊吧！

欣賞圖見P.13

⑪ 花朵耳環

製作／空色風船物語*
成品／主體　直徑1.5cm

準備材料用具

●UV膠…星の雫硬式UV膠／PADICO
●型…矽膠軟模〔半圓球〕直徑14㎜／PADICO
●著色劑…寶石の雫（藍色・黃色・粉紅色）／PADICO
●乾燥花（滿天星）適量
●耳針五金配件　附圓形底座（金色）1副
●多用途接著劑

基本用具（參見P.22至P.23）

作法

【準備】／準備滿天星乾燥花。若要以鮮花製作，請將花頭埋入矽膠乾燥劑中，靜置3天乾燥。

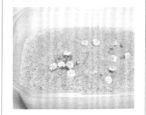

01

UV膠灌至半圓球（直徑14㎜）矽膠軟模的8分滿。

02

以UV膠填滿乾燥花的花瓣縫隙，緩慢地放入步驟01中。以牙籤刺破氣泡，並拿起模具，確認底部是否有氣泡殘留。

03

UV膠完全覆蓋乾燥花，照燈硬化。

04

依序加入著色UV膠：粉紅色1滴→黃色1滴→藍色1滴。
※著色UV膠的作法參見P.60。

05

拿起模具緩慢轉動，調整混色程度，並讓UV膠擴散開來，照燈硬化。

06

脫模取出作品後，以砂紙打磨毛邊。毛邊的粉末可以清水沖洗，或以UV膠清潔液擦拭乾淨。

07

為了使UV膠件的背面平整，再次塗抹UV膠，照燈硬化。以接著劑黏上耳針五金配件後，以UV膠覆蓋耳針五金配件，再次照燈硬化。

以設計款單圈串接羊眼釘後，穿過鍊子。
分別以單圈串接鍊頭的扣片＆龍蝦扣。
蝴蝶黃銅配件串接設計款單圈後，穿過鍊子。

Arrange

〈燕子〉
在步驟07加入著色UV膠（粉紅色2滴、藍色2滴、黃色2滴）

〈月亮〉
在步驟07加入著色UV膠（粉紅色2滴、藍色2滴）
※藍色著色UV膠：藍色著色劑（2滴）＋紫色著色劑（2滴）

完成

欣賞圖見P.14

⑫ 宇宙漩渦
〈半球項鍊〉

製作／BlueLily
成品／主體　直徑2.4cm

準備材料用具

- UV膠…星の雫硬式UV膠／PADICO
- 模具…矽膠軟模〔半圓球〕直徑24㎜／PADICO
- 亮片…星星碎屑（金色・銀色）／PADICO
- 著色劑…寶石の雫（黑色）／PADICO
- 保護劑…寶石の雫（亮面）／PADICO
- 著色劑上色海綿接頭／PADICO
- 施華洛世奇水晶
  （#1088・PP32・白色銅綠）1個

- 無孔珍珠（3㎜、2㎜）各1個
- 皮繩（褐色）80cm

基本用具（參見P.22至P.23）

作法

01 製作第1層。UV膠灌至半圓球矽膠軟模（直徑24mm）1/5。

02 照燈硬化。

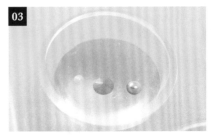

03 製作第2層。UV膠灌至模具2/5，仿照天體的排列，橫向配置施華洛世奇水晶＆珍珠，也可依個人喜好放入美甲彩珠。照燈硬化。

04 將銀色亮片倒入調色杯內，以沾有UV膠的調色棒沾取少量亮片。

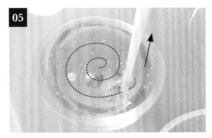

05 製作第3層宇宙漩渦。UV膠灌至模具4/5，將調色棒垂直插入模具中央，畫1至2圈的螺旋紋，然後朝正上方抽出調色棒，照燈硬化。

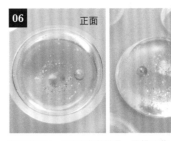

06 正面　背面　製作第4層。UV膠灌滿模具，照燈硬化。上圖為模具的正面＆背面圖。從模具背面看到的模樣，即是作品的正面。

07 調製背景色的著色UV膠。將黑色著色劑加入10g的UV膠中，攪拌均勻後，加入亮片（銀色・金色）再次攪拌。

08 以步驟07灌滿吊飾底托，照燈硬化。

09 脫模取出步驟06的作品，在背面塗抹UV膠。

10

將步驟**09**放在擠有UV膠的吊飾底托上，照燈硬化。由於黑色UV膠很難硬化，請照燈2次。

11

將亮面保護劑裝上海綿接頭，塗抹作品正面。最後將皮繩穿過吊飾底托。你也可以依喜好更換色彩&封入物，享受改造的樂趣。

完成

Space world

欣賞圖見P.14

(12) # 宇宙漩渦 〈球體項鍊〉

製作／BlueLily　成品／主體　直徑2cm

準備材料用具

- UV膠…星の雫硬式UV膠／PADICO
- 模具…矽膠軟模〔球體〕20㎜／PADICO
- 著色劑上色海綿接頭／PADICO
- 珠寶模具迷你系列〔配件〕
  髮圈固定扣‧小／PADICO
- 著色劑…寶石の雫（藍色）／PADICO
- 亮片…星星碎屑（金色‧銀色）／PADICO

- 保護劑…寶石の雫（亮面）／PADICO
- 著色劑上色海綿接頭／PADICO
- 施華洛世奇水晶
  （#1088‧PP32‧白色銅綠）1個
- 無孔珍珠（3㎜‧2㎜）各1個
- 鍊子（鍍銠）40cm

基本用具（參見P.22至P.23）

作法

01

依P.64半圓球的相同作法，第1層灌至模具1/5，照燈硬化。第2層則灌至模具2/5，置入施華洛世奇水晶，照燈硬化。

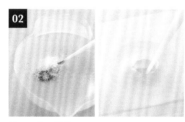

02

第3層灌至模具3/5，以調色棒挑取調色碗內的銀色亮片，垂直插入模具，畫螺旋紋後直立抽起，照燈硬化。

03

製作背景的藍色著色UV膠。在5g的UV膠中滴入3滴藍色著色劑，攪拌均勻後，加入亮片（銀色‧金色）再次攪拌。

完成

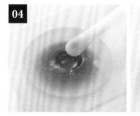

04

製作第4層。以步驟**03**灌滿模具，照燈硬化。確認完全冷卻後，脫模取出。

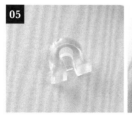

05

製作串接項鍊的髮圈固定扣。UV膠灌滿模具（珠寶模具迷你系列〔配件〕），照燈硬化。以少量UV膠與步驟**04**貼合，再將亮面保護劑裝上海綿接頭，塗抹整個作品。

欣賞圖見P.17

(13) 太陽系行星
〈土星〉

製作／BlueLily
成品／主體　直徑3cm

準備材料用具

● UV膠…星の雫硬式UV膠／PADICO
● 模具…矽膠軟模〔半圓球〕直徑24㎜／PADICO
● 著色劑…寶石の雫（橘色・白色・褐色）／PADICO

- -

基本用具（參見P.22至P.23）

作法

01 調製奶油色＆褐色著色UV膠。在10g的UV膠中各加入2滴著色劑（橘色・白色）製作奶油色著色UV膠，在5g的UV膠中各加入各1滴著色劑（橘色・白色）製作褐色著色UV膠。

02 以奶油色著色UV膠灌至半圓球模具（直徑24mm）1/3，照燈硬化。

03 在步驟02中薄灌一層褐色著色UV膠，照燈硬化。

04 以奶油色著色UV膠灌至模具的2/3處，照燈硬化。

05 依步驟03作法，薄灌一層褐色著色UV膠，照燈硬化。

06 重複步驟02至04作法灌滿模具。

07 脫模取出作品，呈現奶油色＆褐色的自然層疊色彩。至此即完成半邊UV膠件。

08 以相同作法製作另外半邊的UV膠件。最後以著色UV膠進行凸面灌膠，然後以緩慢傾斜模具，讓著色UV膠溢出模具框外，形成土星環。

09 照燈硬化。

10

脫模取出的模樣。

11

在單個半邊UV膠件的平面塗抹接著劑，將兩者黏合起來。

完成 ✳

Space world

欣賞圖見P.17

⑬ 太陽系行星〈火星〉

製作／BlueLily
成品／主體　直徑1.4cm

準備材料用具

●UV膠…星の雫硬式UV膠／PADICO
●模具…矽膠軟模〔半圓球〕直徑14mm／PADICO
●著色劑…寶石の雫（紅色・白色・黑色）／PADICO

基本用具（參見P.22至P.23）

作法

01

調製紅色著色UV膠。在5g的UV膠中滴入2滴紅色著色劑＆1滴白色著色劑，攪拌均勻。

02

在步驟01內滴入1滴黑色著色劑。

03

趁黑色著色劑＆紅色著色UV膠尚未混色前，倒入半圓球模具（直徑14mm）內，以形成自然的大理石花紋。

04

照燈硬化。

05

以相同作法製作另外半邊，再於其平面塗抹接著劑，將兩者黏合起來。

完成 ✳

欣賞圖見P.19

⑭ Watery eye
〈包包吊飾〉

製作／CANDY COLOR TICKET
成品／主體　長5.3cm×寬5.5cm

準備材料用具

- UV膠…星の雫硬式UV膠／PADICO
- 模具…矽膠軟模〔圓盤〕B・C
  珠寶模具迷你系列〔星星〕B・D
  矽膠軟模〔水滴〕／PADICO
- 著色劑…寶石の雫（黑色）
  （珍珠湖水藍色）（金色）／PADICO
- 星星碎屑（金色・銀色）／PADICO
- 免鑽孔羊眼釘（銀色）3個／PADICO

- 爪鍊（水鑽）（黑鑽）各1條
- 鍊子（銀色）10cm
- 龍蝦扣（10×6mm・銀色）1個
- C圈（3.5×5mm・銀色）2個

基本用具（參見P.22至P.23）

作法

01 在1g的UV膠滴入2滴黑色著色劑，調製黑色著色UV膠。在圓盤模具（B／直徑12mm）中灌入黑色著色UV膠，灌膠時注意不要灌滿到邊緣，導致過厚。

02 照燈硬化。由於黑色很難硬化，須翻至模具背面再次進行照燈。

03 製作眼球色彩。在UV膠內加入1滴白色著色劑、5滴珍珠湖水藍色著色劑和適量的金色星星碎屑，攪拌均勻。

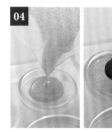

04 在圓盤模具（C／直徑25mm）薄灌一層步驟03後，步驟02正面朝上放入。

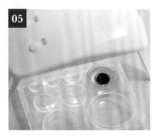

05 直接照燈硬化。背面同樣也要照燈，讓作品確實硬化。

06 取砂紙去除作品邊緣的毛邊，再以UV膠清潔液將毛邊的粉末擦拭乾淨。

07 將步驟06進行凸面灌膠，照燈硬化。

08 疊貼紙膠帶，並使黏著面朝上，以透明膠帶固定在硬作業台上。

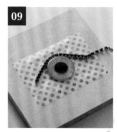

09 將步驟07放在步驟08上方，依圖示沿著眼珠配置爪鍊。

10 視步驟09的整體平衡，裁剪下緣用的爪鍊，讓上下爪鍊連接起來。

11 調整到毫無縫隙的形狀後，在爪鍊＆眼球之間薄灌一層UV膠。

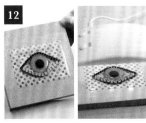

12 傾斜作業台讓UV膠朝四周均勻擴散佈滿，照燈硬化。

13 將紙膠帶從作業台上撕下，再取下作品。

14 將作品翻至背面，整體塗上UV膠。塗膠時，一邊小心避免UV膠從爪鍊縫隙流下去，一邊補強爪鍊＆眼球的黏合度。

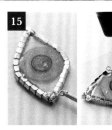

15 以UV膠在作品的三處黏接免鑽孔羊眼釘。

16 以UV膠黏貼星星，照燈硬化。以C圈串接水滴吊飾。鍊子的兩端分別以C圈串接龍蝦扣＆作品另一端的免鑽孔羊眼釘。

完成

（水滴＆星星的作法，參見下方圖文說明）

【水滴＆星星裝飾】

［水滴］

01 在UV膠內加入銀色星星碎屑，製作著色UV膠後，灌入矽膠軟模（水滴）內，照燈硬化。

02 脫模取出作品，參見P.70步驟**03**至**04**製作水滴形UV膠件，再插入免鑽孔羊眼釘。

［星星］

01 在UV膠內加入金色星星碎屑，製作著色UV膠後，灌入珠寶模具迷你系列（星星B・D）內，照燈硬化。

02 脫模取出作品。

涙如雨下

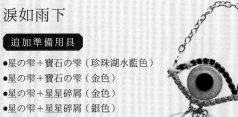

追加準備用具

●星の雫＋寶石の雫（珍珠湖水藍色）
●星の雫＋寶石の雫（金色）
●星の雫＋星星碎屑（金色）
●星の雫＋星星碎屑（銀色）
／皆為PADICO

★Arrange★

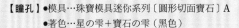

Watery eye 〈戒指〉〈耳勾〉

準備材料用具

【瞳孔】●模具…珠寶模具迷你系列〔圓形切面寶石〕A
　　　●著色…星の雫＋寶石の雫（黑色）

【眼珠】●模具…珠寶模具迷你系列〔圓形切面寶石〕C
　　　●著色…星の雫＋寶石の雫（銀色）＋星星碎屑（銀色）

【星星】●模具…珠寶模具迷你系列〔星星〕E
　　　●著色…星の雫＋寶石の雫（黑色）

【眼淚】●模具…矽膠軟模〔水滴〕
　　　●著色…星の雫＋寶石の雫（珍珠湖水藍色）＋
　　　　星星碎屑（金色）／皆為PADICO

●爪鍊（水鑽・綠松石）
●免鑽孔羊眼釘（金色）3個／PADICO
●耳針五金配件（金色）1副　　●戒台（金色）1個

Watery eye 〈項鍊〉

準備材料用具

【瞳孔】●模具…矽膠軟模〔圓盤〕A
　　　●著色…星の雫＋寶石の雫（黑色）

【眼珠】●模具…矽膠軟模〔圓盤〕E
　　　●著色…星の雫＋寶石の雫（金色）＋星星碎屑（金色）

【星星】●模具…珠寶模具迷你系列〔星星〕B、C
　　　●著色…星の雫＋寶石の雫（黑色）

【眼淚】●模具…矽膠軟模〔水滴〕
　　　●著色…星の雫＋星星碎屑（金色）／皆為PADICO

●爪鍊（水鑽・綠松石）
●免鑽孔羊眼釘（金色）3個／PADICO
●珠鍊（金色）40cm　　●夾線頭（金色）2個
●C圈（3.5×5mm・金色）2個　　●龍蝦扣（10×5mm・金色）1個

欣賞圖見P.19

⑮ Milky bone
〈墜飾〉

製作／CANDY COLOR TICKET
成品／主體　長2.3cm×寬7.5cm

準備材料用具

- UV膠…星の雫硬式UV膠／PADICO
- 模具…矽膠軟模〔水滴〕／PADICO
- 著色劑…寶石の雫（珍珠米色）／PADICO
- 著色劑上色海綿接頭／PADICO
- 市售吸管（直徑6mm）
- 錬子（23cm×2條・霧面銀色）
- 羊眼釘（11×5mm・金色）2個
- C圈（3.5×5mm・霧面銀色）4個
- 龍蝦扣（10×6mm・金色）1個
- 扣片（金色）1個

基本用具（參見P.22至P.23）、洗衣夾、透明膠帶、美工刀

作法

01

UV膠緩慢地灌滿水滴模具。若溢出邊緣，以棉花棒擦乾淨即可。

02

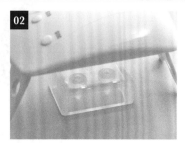

正反兩面都要照燈硬化。

03

脫模取出作品，以美工刀削除毛邊。

04

在削除毛邊處，滴上UV膠使表面圓潤，照燈硬化。共製作4個。

05

將水滴UV膠件兩兩黏合成愛心形狀，並在交界處滴UV膠，照燈硬化。背面也以相同作法處理&照燈硬化。

06

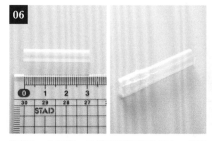

準備3cm的吸管，以透明膠帶堵住其中一端切口。

07

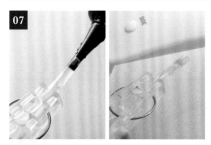

以洗衣夾夾住堵住端，僅在吸管的中央段灌UV膠，照燈硬化。

08

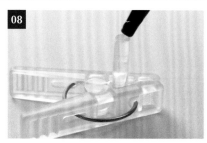

立起吸管，將UV膠灌至吸管切口邊緣。

09

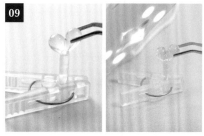

以鑷子夾著步驟05的愛心形UV膠件，插在吸管切口上，直接照燈硬化。

10

拆掉吸管另一端的透明膠帶。重複步驟**09**作法，完成兩端的黏接。

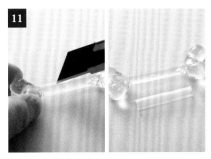

11

以美工刀切開作品正中央的吸管，剝離分開。

12

以UV膠慢慢地薄塗表面，替骨頭增添潤澤之感。

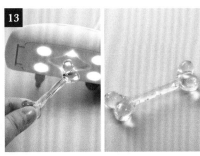

13

將步驟**12**照燈硬化。重複2次就能作出漂亮的效果。

14

取砂紙打磨骨頭表面，粉末可以清水沖洗，或以UV膠清潔液擦拭乾淨。

15

將珍珠米色著色劑裝上海綿接頭，垂直塗抹作品。重複6至7次〔塗抹1次靜置30分鐘〕的步驟，即可呈現溫潤的牛奶色。

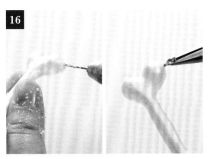

16

以手工鑽鑽孔，裝上羊眼釘。

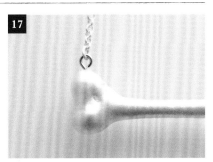

17

以C圈串接羊眼釘＆錬子。錬子兩端分別以C圈串接龍蝦扣＆扣片。

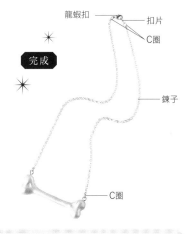

龍蝦扣 — — 扣片
— C圈

完成

—— 錬子

—— C圈

Arrange

Milky bone〈包包吊飾〉

追加準備用具

●錬子（金色）9cm
●羊眼釘（11×5mm・金色）2個
●龍蝦扣（10×5mm・金色）1個
●C圈（3.5×5mm・金色）2個

以UV膠將兩根骨頭交叉黏在一起。再利用C圈串接羊眼釘、錬子和龍蝦扣就完成了！

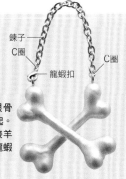

錬子
C圈
龍蝦扣
C圈

Milky bone〈耳勾〉

耳勾五金配件
C圈

追加準備用具

●羊眼釘（11×5mm・金色）2個
●耳針五金配件（霧面銀色）
●C圈（3.5×5mm・霧面銀色）2個

以C圈串接羊眼釘＆耳勾五金就完成了！

國家圖書館出版品預行編目資料

晶透又夢幻・UV膠の手作世界 / BOUTIQUE-
SHA授權；亞緋琉譯
-- 初版. -- 新北市：Elegant-Boutique 新手作出
版：悅智文化事業有限公司發行, 2021.09
　　面；　公分. --（趣・手藝；108）
ISBN 978-957-9623-73-5（平裝）
1.裝飾品 2.手工藝

426.9　　　　　　　　　　110012771

趣・手藝 108

不可思議之美！
晶透又夢幻・UV膠の手作世界

授　　　　權／BOUTIQUE-SHA
譯　　　　者／亞緋琉
發　 行　 人／詹慶和
執 行 編 輯／陳姿伶
編　　　　輯／蔡毓玲・劉蕙寧・黃璟安
執 行 美 編／韓欣恬
美 術 編 輯／陳麗娜・周盈汝
出　 版　 者／Elegant-Boutique新手作
發　 行　 者／悅智文化事業有限公司
郵政劃撥帳號／19452608
戶　　　　名／悅智文化事業有限公司
地　　　　址／220新北市板橋區板新路206號3樓
電　　　　話／(02)8952-4078
傳　　　　真／(02)8952-4084
網　　　　址／www.elegantbooks.com.tw
電 子 郵 件／elegant.books@msa.hinet.net

2021年9月初版一刷　定價350元

Lady Boutique Series　No.4872
RESIN DE TSUKURU GENSO ACCESSORY
© 2019 Boutique-sha, Inc.
All rights reserved.
Original Japanese edition published in Japan by BOUTIQUE-SHA.
Chinese (in complex character) translation rights arranged with
BOUTIQUE-SHA
through Keio Cultural Enterprise Co., Ltd., New Taipei City, Taiwan.

◆材料協力／UV膠材料、道具等
PADICO
PADICO股份有限公司
https://www.padico.co.jp

◆Staff日本原書編輯團隊
編　　集／小島みな子
　　　　　黒沢真記子
　　　　　玉田枝実里
　　　　　本間由理
　　　　（以上説話社）
美編設計／田辺宏美
撮　　影／山下忠之

經銷／易可數位行銷股份有限公司
地址／新北市新店區寶橋路235 巷6 弄3 號5 樓
電話／ (02)8911-0825　傳真／ (02)8911-0801

版權所有・翻印必究
※本書作品禁止任何商業營利用途（店售・網路販售等）
　＆刊載，請單純享受個人的手作樂趣。
※本書如有缺頁，請寄回本公司更換。